Die menschengemachte Angst vor dem Klima

Inhalt

© 2024 Meinhard Stalder
Verlag: BoD · Books on Demand GmbH,
In de Tarpen 42, 22848 Norderstedt, bod@bod.de
Druck: Libri Plureos GmbH, Friedensallee 273,
22763 Hamburg
ISBN: 978-3-7693-0811-2

1. Warum das Buch in dieser Form?

Über das Thema Klima gibt es hunderte Bücher. Ist nicht schon alles gesagt? Warum also ein weiteres Buch? Und warum in dieser Form? Dazu ein paar Worte zu seiner Entstehung. In der Kaffeepause nach einem Vortrag, in dem es eigentlich um Bauphysik und Energiekrise ging und nur am Rande um das Thema Klimawandel, kam ich ins Gespräch mit einem Zuhörer, der den Wunsch äußerte, mehr über die physikalischen Mechanismen des Klimas zu erfahren. Er war Sachverständiger für Bauschäden und zunehmend skeptisch gegenüber dem allgegenwärtigen Narrativ, dass Schäden an Gebäuden durch Sturm, Hagel etc. stetig zunehmen und aufgrund des Klimawandels sicher noch weiter zunehmen werden. Seine Gutachten zeigten nämlich, dass so gut wie jeder Bauschaden nicht irgendwelchen Wetterkapriolen, sondern Pfusch am Bau oder der Missachtung der Bauvorschriften zuzuschreiben war.

Bei der Frage nach den Mechanismen des Klimas ging es insbesondere natürlich um die vermeintliche Rolle des CO_2 (Kohlendioxid). Denn es mangelt zwar nicht an Ratschlägen und Broschüren darüber, wie jeder Einzelne seinen CO_2-Fußabdruck minimieren kann. Korrekte Darstellungen darüber, warum „die Wissenschaft" glaubt zu wissen, dass das CO_2 die Erde erwärmt, sind aber Mangelware. Und so machte ich mich dann an die Arbeit ein „populärwissenschaftliches" Buch zur Frage des Einflusses des CO_2 auf das Klima zu schreiben. Leider stellte sich sehr schnell heraus, dass man für eine einigermaßen exakte Beschreibung der Materie nicht ganz ohne Formeln und Fachbegriffe auskommt, und dass diese so zahlreich sind, dass Nicht-Naturwissenschaftler, die die erste Version lasen, sie für eine Doktorarbeit der Physik hielten.

Deshalb startete ich einen neuen Versuch: Noch weniger Fachbegriffe und für diese ein Glossar am Ende. Keine Formeln. Wer tiefer gründeln will, der findet anhand der Literaturliste im Anhang einen guten Einstieg hierfür. Zusätzlich noch ein paar Worte dazu, was dieses Buch NICHT ist. Dieses Buch soll KEINE umfassende Materialsammlung zu allen Aspekten des Klimawandels sein. Das würde das Format eines kleinen Büchleins sprengen. Es beschäftigt sich daher bewusst NICHT mit einer Reihe interessanter Seitenaspekte, wie z.B. der Frage, welche CO_2-Konzentrationen für Pflanzen und Menschen physiologisch verträglich sind oder wie hoch der CO_2-Gehalt in einem wachsenden Weizenfeld oder im Smog einer Großstadt ist. Auch die Frage, wieviel sich die Erde denn nun erwärmt hat und welchen Einfluss die Auswahl der Messstationen und ein möglicher systematischer Fehler aufgrund eines Wärmeinseleffektes bei zunehmender Urbanisierung hat, soll hier NICHT vertieft werden. Und auch die vielen Erkenntnisse der Geologie, dass die Erde über weite Teile der Vorzeit wesentlich wärmer war als heute, sollen hier NICHT vertieft werden. All das kann an anderer Stelle nachgelesen werden.

Dieses Buch soll sich vornehmlich einen wichtigen Aspekt vorknöpfen: Wie kommt es dazu, dass man vor allem das Kohlendioxid (CO_2) für die Erderwärmung verantwortlich macht? Wie kam „die Wissenschaft" vor einigen Jahrzehnten zu der Aussage, dass unter bestimmten Bedingungen eine Verdopplung der CO_2-Konzentration der Atmosphäre die Erde um ein paar Grad erwärmen müsste. Wie mutierte der unschuldige Diskurs unter Meteorologen zu einer eingeengten politischen Debatte? Denn am Ende zeigt sich, dass sich unter Einbeziehung bislang nur unzureichend berücksichtigter Effekte ein wesentlich weniger apokalyptisches Bild des Klimas zeigt, welches geeignet ist, die Alternativlosigkeit der gängigen Klima-Agenda in Frage zu stellen.

2. Einleitung: Der schlaue Verkäufer

Zu Beginn eine Anekdote: Ich war unter dem Vorwand eine Reise gewonnen zu haben in eine Verkaufsveranstaltung geraten. Dort wurden neben Matratzen und Kochtöpfen auch Magnetmatten verkauft, die gut für die Gesundheit sein sollten. Denn Magnete seien aus Eisen, und Eisen bindet im Blut den Sauerstoff, den unser Gehirn braucht. Als "Beweis" dafür nahm der Verkäufer ein Glas mit Sprudelwasser, steckte einen Löffel hinein und rührte um. Er zeigte es herum und deutete auf die Bläschen am Löffel: "Und, was sehen Sie, meine Damen und Herren? Richtig, der Sauerstoff geht zum Eisen." Dass es sich bei dem Gas um Kohlendioxid handelte, und dass das Experiment auch mit einem Holzlöffel funktioniert hätte, wurde den meisten -vornehmlich Rentnern- nicht bewusst. Keiner wagte zu widersprechen, denn natürlich sahen sie ja mit eigenen Augen, dass "der Sauerstoff zum Eisen ging".

Ähnlich verhält es sich, wenn heute über das Thema anthropogener (menschengemachter) Klimawandel gesprochen wird. Der schlaue Verkäufer -z.B. ein staatlich geprüfter Erklär-Bär im öffentlich-rechtlichen Fernsehen- spult eine Animation der immer wärmer werdenden Erde ab, hält die steigende CO_2-Kurve daneben und fragt -in diesem Fall vor allem ahnungslose Schulkinder- "seht Ihr etwa nicht, wie das anthropogene CO_2 die Erde erwärmt?". Wer wagt da noch zu widersprechen? So wurde der anthropogene Klimawandel über die Jahrzehnte nicht nur zum bestimmenden Thema der Gesellschaft, sondern rüttelte auch die Jugend auf, "die Erde zu retten".

In Wirklichkeit sind die Zusammenhänge aber komplexer. Zu komplex für Schüler oder für Otto Normalverbraucher. Und die wollen es auch gar nicht so genau wissen, sondern einfach nur „gute" Menschen sein. In Aufklärungskampagnen geht es meist nicht um Wissen, sondern um Verhaltenskontrolle. Eine wachsende Zahl von Menschen merken aber, dass sie hier manipuliert werden sollen und streiten mitunter trotzig jeden CO_2-Zusammenhang ab. Das ist aber auch nicht ganz richtig, denn viele der frühen Berechnungen waren im Rahmen ihrer Annahmen korrekt und trugen zunächst rein wissenschaftlich viel zum Verständnis der Atmosphäre bei.

3. Ein Treibhaus?

Die Erde schwebt im Weltall, das mit minus 270 Grad Celsius unvorstellbar kalt ist. Sie wird von der Sonne mit einer Leistung von ungefähr 1367 Watt pro Quadratmeter angestrahlt, wovon 30% ins All zurückgespiegelt werden. Diesen Spiegelfaktor nennt man auch Albedo. Würde der auf der Erde verbleibende Anteil gleichmäßig verteilt, dann müsste sich die Erdoberfläche auf durchschnittlich minus 18 Grad Gleichgewichtstemperatur einpendeln. Man beobachtet aber, dass die bodennahe Luftschicht im Durchschnitt mit plus 15°C deutlich wärmer ist. Schon früh drängte sich hier der Vergleich mit einem Treibhaus auf: Das Sonnenlicht kommt hinein, die Wärme aber nicht hinaus. Doch wie passend ist dieser Vergleich? Zwar ist es im Treibhaus wärmer als im Freibeet. Aber das ist auch das Einzige, was die Atmosphäre an ein Treibhaus erinnert.

Ein Treibhaus besteht aus einer festen Glaskuppel. Das Glas lässt zunächst das sichtbare Licht der Sonne durch. Die Strahlen erwärmen den Fußboden und der dann die Luft im Treibhaus. Die warme Luft steigt auf, aber nur bis zum Glasdach. Sie kann sich nicht mit der umliegenden kalten Luft vermischen, sondern erwärmt lediglich das Glas, welches die Energie seinerseits über Wärmestrahlung (Infrarot oder kurz IR-Strahlung) abgibt. Wärmestrahlung wird also nicht zurückgehalten. Diese Abstrahlung ist auch der Grund dafür, dass sich das Treibhaus nicht unendlich aufheizt. Es stellt sich ein neues Gleichgewicht ein, das aber höher ist als ohne Glaskuppel. Eine Verdopplung der Glasdicke ändert an dieser Situation fast nichts.

Daher verwenden viele Forscher heute lieber das Bild eines Heizstrahlers. Denn die o.g. Erwärmung kann verglichen werden mit einer effektiven Heizleistung, die man bräuchte, um dieselbe Gleichgewichtstemperatur zu erreichen. Man kann also die Atmosphäre gedanklich wie Zwiebelschalen in teiltransparente Schichten zerlegen. Diese wirken dann wie Wärmelampen, die die Erde anstrahlen und erwärmen.

Eine Wärmedämmung wäre vielleicht ein noch besser geeignetes Bild, denn sowohl die Atmosphäre als auch die Außenwand eines Gebäudes haben ein lineares Temperaturprofil. Zudem hat in der Heizperiode ein besser gedämmtes Gebäudeelement (z.B. das Dach) eine kühlere Außenfläche (s. Abb.1), und nach einer energetischen Gebäudesanierung ist die Gebäudehülle innen wärmer und außen kälter. Überträgt man dieses Bild auf die Erde, dann sollte sich gemäß Modellrechnungen die Stratosphäre (von ca. 12-50km Höhe) abkühlen, wenn die unter ihr liegende Troposphäre (bis ca. 12km Höhe) mehr Treibhausgase und damit eine entsprechend bessere Dämmwirkung hat.

Leider werden immer wieder Diskussionen zum Thema Klimawandel dadurch fehlgeleitet oder vergiftet, dass sich ein Skeptiker an dem Wort „Treibhaus" aufhängt. Doch trägt solche Wortklauberei wenig zum Verständnis der Thematik und zur Überzeugung der anderen Seite bei. Mein Fazit: Nennen Sie es doch wie Sie wollen, aber vergessen Sie nicht wie es ist.

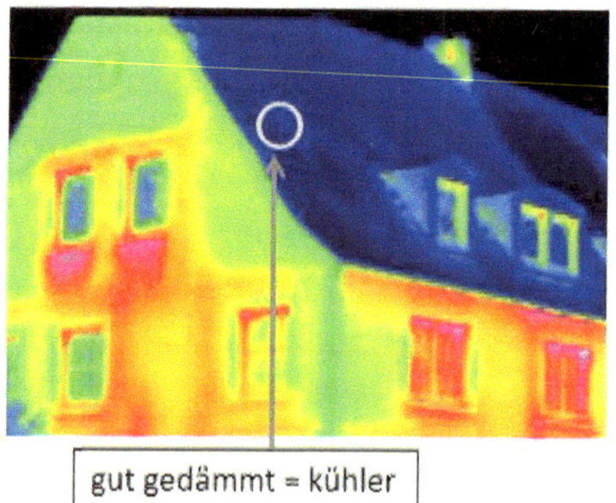

Abb. 1: Der Vergleich der Erdatmosphäre mit einem Treibhaus ist unpassend. Besser geeignet wäre der Vergleich mit einer Gebäudedämmung. Auch hier reduziert eine zusätzliche Dämmschicht die Oberflächentemperatur. Das bei einem Altbau i.d.R. besser gedämmte Dach ist nach außen kälter als das schlechter gedämmte Mauerwerk.

4. Das Verständnis des Klimas im 19. Jhdt.

Die ersten Aufsätze, die sich mit der Frage der Wärmebilanz der Erde (Klima) beschäftigen, stammen wahrscheinlich von Fourier im frühen 19. Jhdt. Neben der Frage, warum die Erde im kalten Weltall nicht binnen weniger Jahrhunderte auskühlt, taucht hier das erste Mal der Vergleich mit einer schützenden Glasglocke auf. Es fehlen allerdings sowohl Messreihen als auch ein konkreter Bezug zum Kohlendioxid. Dieser wurde von späteren Autoren aufgegriffen, als man sich genauer mit Wärmestrahlung beschäftigte und feststellte, dass das Kohlendioxid diese absorbiert.

Eines der beiden Hauptprobleme bei der korrekten Beschreibung der Atmosphäre war, dass es bis in die 1890er Jahre kaum belastbare Daten über die freie Atmosphäre in großen Höhen gab. Erst 1894 stieg ein bemannter Ballon mit Arthur Berson in über 9000 Meter Höhe auf und stellte überraschend eine kontinuierliche Temperaturabnahme auf fast minus fünfzig Grad Celsius fest. Ein paar Jahre später, 1901, stieg er zusammen mit einem Kollegen sogar auf über 10.000 Meter auf, und in den folgenden Jahren wurde mittels unbemannter Ballons die Stratosphäre entdeckt.

Und auch die moderne Physik steckte noch in den Kinderschuhen. Publikationen aus dieser Zeit lesen sich außerordentlich zäh, da man die Messungen, von denen berichtet wird, noch nicht richtig in ein großes Ganzes einordnen konnte. Das gilt auch für die Publikation von Svante Arrhenius aus dem Jahr 1896. Er war zwar Professor für Physik, doch konnte er sich z.T. noch nicht einmal auf das Wissen stützen, das heute zum Curriculum jedes Physikstudenten in den ersten vier Semestern gehört. Das Spektrum eines Wärmestrahlers wurde erst 1900 durch Planck theoretisch beschrieben (Planck-Verteilung, siehe Glossar). Und das Bohr'sche Atommodell (wichtig zur Beschreibung von Absorptionslinien) gab es erst 1913. Dadurch musste Arrhenius auf Vergleiche mit unbereinigten experimentellen Spektren zurückgreifen und drückt sich aufgrund fehlender Begrifflichkeiten sehr umständlich aus.

Arrhenius war Schwede und hatte keine Angst vor einer drohenden Klimaerwärmung. Im Gegenteil: Erst im 19. Jhdt. hatte sich die Erkenntnis durchgesetzt, dass große Teile Europas periodisch von Eis bedeckt waren, doch es gab noch keine schlüssige Erklärung hierfür. Arrhenius stellte nun die Hypothese auf, dass diese Eiszeiten durch eine Schwankung im CO_2-Gehalt der Atmosphäre hervorgerufen wurden. Diese Idee war für Ihre Zeit durchaus originell und legitim. Allerdings kann man heute über viele Details seiner Untersuchungen und Schlussfolgerungen [AR] nur lächeln, und Klimawissenschaftler, die gelegentlich noch heute behaupten, dass bereits Arrhenius den Einfluss des CO_2 auf das Klima verstanden hat, haben sein Paper nicht gelesen oder nicht verstanden.

Ein Problem bestand in den Messdaten. Wie wollte man im Jahr 1896 Infrarot-Emissionen der Atmosphäre ins All messen? Das kann man erst seit dem Aufkommen von Satelliten. Deshalb half sich Arrhenius mit Messdaten, die ein amerikanischer Kollege auf Meereshöhe von der Wärmestrahlung des Vollmonds gemacht hatte. Diese waren durch einen Salzkristall in ein Spektrum von 21 Kanälen aufgespreizt (s.Abb.2). Das ist sehr wenig. Heute unterteilt man Wärmestrahlung in über 100.000 Spektrallinien. Außerdem waren es wenige Messungen, die zudem noch von Schwankungen der Luftfeuchte überlagert waren und sich nur notdürftig bereinigen ließen [AR].

Auch das Rechenmodell ist zu einfach. Es besteht nur aus zwei Schichten (je eine für die Atmosphäre und den Erdboden) und reicht bei weitem nicht aus, um den Effekten von Absorption und Re-Emission Rechnung zu tragen (s.Abb.2). Das hätte Arrhenius eigentlich anhand seiner eigenen Ergebnisse auffallen müssen, denn eine einheitliche "Transparenz" der Atmosphäre von 70% passt nicht dazu, dass in einer anderen Überlegung nach ca. 300m bereits die Hälfte absorbiert ist [AR]. Es wäre jedenfalls Zufall, wenn auf diese

Weise die Abschätzung einer effektiven Temperatur der Atmosphäre gelänge. Da hilft es auch nicht, diesen Wert für 15 Klimazonen und vier Jahreszeiten zu berechnen. Die Datenkolonnen wirken in Abwesenheit eines Tabellen-Kalkulationsprogramms wie Excel konfus, und es ist nicht genau klar, was und wie genau gerechnet wurde.

Am Ende steht als Ergebnis, dass sich die Erde bei CO_2-Verdopplung um 5 Grad am Äquator und 6 Grad an den Polen erwärmt. Arrhenius deutete das als Erfolg bei der Erklärung des Entstehens der Eiszeiten, vor allem deshalb, weil es zum Zeitpunkt der Veröffentlichung noch keine andere Erklärung dafür gab. Heute weiß man, dass er falsch lag, weil am Ende der Eiszeiten der Anstieg des CO_2 der Erwärmung jedes Mal hinterherlief und deshalb als Ursache nicht in Frage kommt. Seit den 1920er Jahren hat man zudem mit den Milankovic-Zyklen (Änderung der Erdbahn-Parameter) eine schlüssige und bis heute akzeptierte Erklärung.

Abb. 2: Die zwei größten Probleme des Arrhenius-Modells bestanden darin, dass es erstens noch keine IR-Messdaten oberhalb der Troposphäre gab, so dass er sich nur auf sehr ungenau am Erdboden vermessenes Mondlicht stützen konnte (links). Zweitens war sein 1-Lagen-Modell der Atmosphäre viel zu simpel. Dessen bloße Beschreibung in Transmission und Absorption berücksichtigt nicht den wiederholten Vorgang von Absorption und Re-Emission (rechts).

5. Lösung der Fragen im 20. Jhdt.

Schützenhilfe bei der Entwicklung der theoretischen Grundlagen kam erst ab 1906 aus der Astrophysik, als Karl Schwarzschild [SCH] bei der Erklärung des Verhaltens der Sonnenoberfläche Gleichungen aufstellte, die so allgemein waren, dass sie auch für Fragestellungen der Erdatmosphäre anwendbar zu sein schienen. Mehrere Meteorologen versuchten hiermit in den folgenden Jahren unter verschiedenen Annahmen die thermischen Verhältnisse der Erde zu verstehen.

Am Ende dieser Reihe stand 1919 eine Veröffentlichung von Hugo Hergesell [HER], der aber mit seinem Erklärungsansatz scheiterte. Denn er ging wie Schwarzschild von einer in allen Wellenlängen gleichmäßig absorbierenden Atmosphäre aus und koppelte deren Absorptivität an die Verteilung des Wasserdampfes. Eine überall gleiche relative Luftfeuchte führte dann dazu, dass der Wasserdampf und damit fast die gesamte Treibhauswirkung auf eine warme bodennahe Luftschicht beschränkt blieb. Es stellte sich ein Teufelskreis ein: Höhere Luftschichten waren kälter, konnten weniger Wasser aufnehmen und konnten dann noch weniger Wärmestrahlung absorbieren. Dadurch stellte sich ein viel zu rasch abfallendes Temperaturprofil ein, das schon nach wenigen hundert Metern Höhe praktisch konstant war.

Hergesell wusste, dass dies nicht der Realität entsprach und wies auf die Tatsache hin, dass der warme Erdboden tagsüber gewaltige Aufwinde (Konvektion) erzeugt, die den Wasserdampf immer wieder in höhere Schichten befördern. Außerdem mutmaßte er anhand einer Messung seines Wissenschaftskollegen Ångström aus dem Jahr 1913, dass das CO_2 oder das Ozon einen gewissen Einfluss haben müssen, da sie unabhängig vom Wasserdampf auch in kalten hohen Luftschichten vorhanden sind. Doch waren die Beobachtungen noch zu lückenhaft und vieles blieb Spekulation. Erst in den 60er Jahren konnten Manabe et. al. dieses Dilemma (er spricht von „Hergesell's Problem", s.u.) im Detail auflösen.

In der Zwischenzeit gab es immer wieder Publikationen zu diesem Thema, doch ließ eine umfassende und allgemein akzeptierte Darstellung lange auf sich warten. Sicher war hinderlich, dass der internationale Austausch von Wetterdaten im 2.Weltkrieg und später im kalten Krieg über viele Jahre gestört war. Doch 1957/58 ergab sich nach Stalins Tod ein geeignetes Zeitfenster für die Durchführung des Internationalen Geophysikalischen Jahres, welches durch Fortschritte in der Raketentechnik und Ankündigung von Satellitenprogrammen seitens der USA und UdSSR auch die oberste Atmosphäre beinhaltete. Zudem waren die IR-Absorptionsspektren inzwischen viel genauer bestimmt worden. Die bessere Datenbasis gab dem Thema erneut Auftrieb. Zuvor eher spekulative Hypothesen einer zunehmenden Erderwärmung durch Treibhausgase konnten nun genauer bewertet werden.

Aber auch in den 60er Jahren ging es zunächst vorrangig um die grundlegende physikalische Frage, wie man die thermische Balance der Erdatmosphäre anhand einer durchschnittlichen Luftsäule erklären kann. Die wichtigsten Veröffentlichungen aus dieser Zeit stammen von Syukuro Manabe. In drei Veröffentlichungen [MM], [MS], [MW1], klärt er Schritt für Schritt, mit welchen wirkenden physikalischen Prozessen man die beobachtete Temperatur- und Wasserdampfverteilung erklären kann. In der letzten der drei Publikationen, 1967 [MW1], wird auch der Einfluss einer CO_2-Verdopplung und die Selbstverstärkung durch Wasserdampf berechnet. Denn eine wärmere Atmosphäre hätte bei gleicher relativer Feuchte auch mehr Wasserdampf und damit eine höhere Treibhauswirkung.

In dem Modell wird die Säule einer durchschnittlichen Atmosphäre vom Erdboden bis in 42 km Höhe betrachtet, die in 18 Schichten mit ansteigender Dicke unterteilt ist. Die untersten Schichten sind weniger als 100m, die obersten (Stratosphäre) viele Kilometer dick. Der Wärmeausgleich sollte prinzipiell per IR-Strahlung geschehen, aber überall dort, wo sich ein Temperaturanstieg von über 6,5 Grad pro Kilometer ergeben hätte, durch Konvektion auf diesen Wert gedeckelt werden (Standardatmosphäre). Zusätzlich baute er in drei verschiedenen Höhen Wolken mit unterschiedlichen Eigenschaften ein.

Mit dem o.g. Modell ergibt sich eine Klimasensitivität (also eine Erwärmung der bodennahen Atmosphäre bei CO_2-Verdopplung) von 1,3 Grad. Die Selbstverstärkung durch Wasserdampf beträgt den Faktor 1,75, d.h. die Klimasensitivität mit Wasserdampf-Rückkopplung beträgt 2,3 Grad. Noch ein paar Jahre zuvor war sein ehemaliger Co-Autor bei etwas anderen Annahmen zu dem Ergebnis eines sich fast beliebig aufschaukelnden Teufelskreises gekommen und hatte den gesamten Effekt als absurd in Frage gestellt.

Auch andere mögliche Veränderungen, natürliche und anthropogene, wurden diskutiert. Zum Beispiel die Auswirkungen eines von vielen damaligen Zukunftsforschern prophezeiten Überschall-Flugverkehrs. Aber eine Verfünffachung des stratosphärischen Wasserdampfes und daraus folgende globale Erwärmung um zwei Grad hielt man für unrealistisch. Auch weniger tiefe Wolken (z.B. 1% weniger Albedo) oder eine Ozon-Verdopplung würde die Erde um ein Grad erwärmen (vom Ozonloch sprach man damals noch nicht). Über den Fehlerbalken dieser Aussagen waren sich die Autoren wohl bewusst, denn schon leichte Änderung der Annahmen konnte einige der Resultate deutlich verändern.

Das Paper von 1967 stellt den vorläufigen Endpunkt der Überlegungen bezüglich der wirkenden physikalischen Mechanismen dar. Erst ab dann kann man davon sprechen, dass die Klimawirkung des CO_2 wirklich verstanden ist. Danach verlagert sich der Fokus der Forschung auf die Erstellung von Allgemeinen Zirkulationsmodellen (general circulation models, GCM), komplexe Modelle, die erst nach

Klärung der Wirkmechanismen in Angriff genommen werden konnten. Solche Modelle waren von vornherein das Ziel von Manabe. Die Klärung der Energiebilanz war nur Mittel zum Zweck.

GCMs zerlegen die Erde in viele kleine Zellen, die über die vorgenannten Prozesse (Strahlung, Konvektion, Verdunstung, Strömungen) Energie miteinander austauschen. Mit den richtigen Mechanismen und einem Raster, das alle geographischen Strukturen genügend abbildet, sollte – so glaubte man – eine deterministische Vorausberechnung des Klimas möglich sein. 1969 stellte Manabe die erste Idee für ein solches Modell vor [MB]. An diesem Punkt trennen sich die Wege von Meteorologie und Klimawissenschaften.

Die erste Veröffentlichung einer solchen Simulation erfolgte weitere sechs Jahre später [MW2] und beruhte auf sehr starken Vereinfachungen: Nur 120 Längengrade in 500x500km großen Boxen, mit einer Land-Wasser-Verteilung von 50:50, wobei der Ozean nur als beliebig nasse Landfläche modelliert wurde. Dementsprechend wichen die Ergebnisse der Simulation stark von der Realität ab. Immerhin konvergierte das Modell von einem beliebigen Startpunkt zu einer realistischen Durchschnittstemperatur, aber die Tropen waren zehn Grad zu heiß und die polaren Gebiete zehn Grad zu kalt, ein Problem, was dem im Modell noch fehlenden Wärmetransport durch Ozeanströmungen zugeschrieben wurde.

Im Nachhinein hätte man schon zu diesem Zeitpunkt einige generelle Probleme von GCMs erkennen müssen. Denn zur „Verbesserung" des Modells wurden hastig weitere Wirkmechanismen eingeführt, zum Beispiel eine positive Rückkopplung durch abtauende Gletscher (Albedo-Feedback). Eine wärmere Erde hätte weniger ewiges Eis, spiegelte weniger Sonnenstrahlung ins All zurück und würde dadurch noch wärmer. Allein hierdurch mussten die Autoren die Klimasensitivität von vormals 2,3 Grad auf nun 2,9 Grad erhöhen. Und dabei bemerkten sie sogar selbst, dass eine Randbedingung versehentlich in Grad Fahrenheit anstatt Grad Celsius angesetzt wurde. Sonst wäre der Effekt noch größer ausgefallen. Zudem spiegeln die Ergebnisse ja immer nur die zuvor eingebauten Annahmen wider. Wie ich in den Wald hineinrufe, so schallt es heraus. Auch die Verdunstung wurde als neuer Effekt eingeführt. Sie sollte demnach bei doppeltem CO_2-Gehalt um 7-8% zunehmen. Doch ist nicht klar, ob dies auch als abkühlend auf die Erdoberfläche berücksichtigt wurde und ob dieser Mechanismus anders als zuvor überhaupt an einer statischen Luftsäule geprüft wurde.

In späteren Modellen wurden dann neben der Atmosphäre (AGCM, Atmospheric general circulation model) auch der Ozean (AOGCM) immer besser berücksichtigt. Mit den Jahren und immer leistungsfähigeren Computern wurden immer mehr Prozesse eingeführt und vor allem das Raster sukzessive verfeinert, dieses hat aber selbst im vierten Sachstandsbericht im Jahr 2007 noch immer eine Kantenlänge von 110km. Die Resultate sehen immer besser aus, doch noch immer hängen sie stark von den Input-Parametern ab. Zudem wird immer intransparenter, was genau gerechnet wurde. Und wer kann das schon überprüfen, wenn nur wenige Rechner die nötige Rechenkapazität hierzu haben. Ein solches Quasi-Monopol schränkt die Überprüfbarkeit ein und nimmt damit der Naturwissenschaft eine seiner schärfsten Waffen.

Die Abhängigkeit von den Input-Parametern ist ein prinzipielles Problem nichtlinearer Gleichungen. Es wird auch als deterministisches Chaos bezeichnet, einem Gebiet, das die Physik erst in den 70er Jahren voll entdeckt hat. Bezeichnenderweise wurde das deterministische Chaos anhand meteorologischer Simulationen [LO] entdeckt. Der Begriff „Schmetterlingseffekt" sollte andeuten, dass schon ein kleiner Flügelschlag in der Gegenwart die konkrete Prognose des Wettergeschehens über lange Zeiträume unmöglich macht.

6.   Der IPCC und seine Skeptiker

Einen weiteren Schub erhielt diese Fragestellung erst durch den ersten Wettersatelliten, Nimbus-7, der Ende 1978 gestartet wurde. Er lieferte ab 1984 sehr viel genauere Daten im Rahmen des ERBE-Projektes (Earth Radiation Budget Experiment). Mit ihnen konnten vormals unsichere Werte eingeengt oder korrigiert werden, z.B. wurde die Spiegelwirkung der Erde (Albedo) von geschätzten 40-50% auf nur ca. 30% reduziert. Immer mehr Flussdiagramme, die ein viel intuitiveres Verständnis der Energiebilanz der gesamten Erde darstellen, wurden von verschiedenen Autoren erstellt. In einem Review-Artikel fassten Kiehl und Trenberth 1997 [KT] diese Erkenntnisse zusammen. Besonders bemerkenswert ist hier der Wert der Verdunstung, die mit 78 Watt pro Quadratmeter einen erheblichen Beitrag zur Klimatisierung der Erde leistet (s.Abb.3). 2010 erfolgte eine Aktualisierung mit einem sogar leicht erhöhten Wert von 80 Watt pro Quadratmeter. Diese Graphen tauchen in dieser Form auch in den Berichten des IPCC (Intergovernmental Panel on Climate Change) auf.

Der IPCC war im Jahr 1988 durch das UNO-Umweltprogramm (UNEP) und die Meteorologische Weltorganisation (WMO) gegründet worden und rückte in den folgenden Jahren in den Fokus der Öffentlichkeit. Am 8.November 1989 hielt die britische Premierministerin, Maggie Thatcher, eine aufrüttelnde Rede vor der UNO, bei der sie darauf hinwies, dass zwar derzeit die Gefahren einer globalen Vernichtung durch (Atom-)Krieg zurückgingen, dass aber jüngst eine neue Gefahr identifiziert worden war. Und zwar ein drohender irreparabler Schaden an der Atmosphäre, dem Ozean und der Welt an sich. Das Angstvakuum wurde neu besetzt.

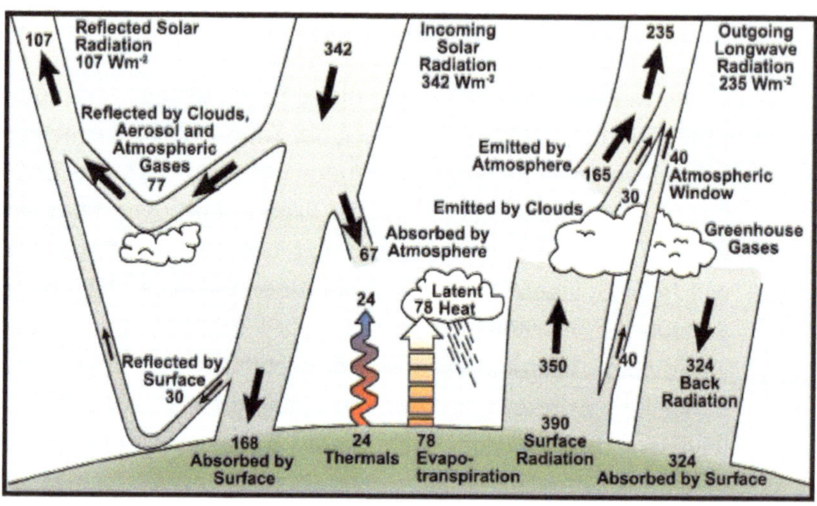

Abb. 3: Darstellung der mittleren globalen Energiebilanz der Erde nach Kiehl & Trenberth (1997). Diese Darstellung ist auch zu finden im IPCC-Bericht von 2007 (AR4, S.96 unter FAQ 1.1 fig.1). In einer späteren Veröffentlichung (2010) werden die Flüsse neu bewertet, u.a. steigt die Verdunstung auf 80W/m².

Ein weiteres Jahr später erschien der erste Sachstandsbericht, der die Klimasensitivität des CO_2 mit einer groben Bandbreite von 1,5 - 4,5 Grad angibt und sich ansonsten noch ziemlich nüchtern liest. Die große Bandbreite von einem Faktor drei zeigt, dass sich die Klimasensitivität deutlich verändert, je nachdem welche Prozesse der Selbstverstärkung in dem jeweiligen Modell angesetzt wurden. Siehe hierzu auch die folgenden Kapitel. Dieses große Fenster konnte bis heute nicht wirklich eingeengt werden: Auch im fünften IPCC- Bericht von 2013 taucht nach einigem Hin- und Her exakt dasselbe Fenster wieder auf. Fast 40 Jahre Klima-Simulationen haben hier die Erkenntnis keinen Millimeter nach vorne gebracht.

Der enttäuschende Fortschritt in dieser Frage liegt unter anderem daran, dass die IPCC-nahen Wissenschaftler gerne so viel wie möglich dem Menschen, also den anthropogenen Faktoren anlasten möchten. Natürliche und rückstellende Faktoren bleiben eher unterberücksichtigt. Als von 1998 bis 2008 bei weiter steigenden CO_2-Emissionen der Anstieg der globalen Erwärmung ausblieb, musste die Klimasensitivität des CO_2 abgewertet werden und zusätzlich "Smog in China" in den Kanon der Modellparameter aufgenommen werden, um die Bilanz zu schließen. Nur 1% der Erdoberfläche soll demnach mehr als die Hälfte des globalen CO_2-Effektes kompensieren!? Solche "Mogelfaktoren" sind dubios und deshalb auch einer der Hauptkritikpunkte einer wachsenden Zahl wissenschaftlicher Skeptiker.

Dazu kommt, dass die Wolkenbildung bis heute noch viel zu wenig verstanden ist, und das gibt auch jeder IPCC-Bericht zu. Da sind genau genommen zwei Effekte: Erstens schwankt womöglich die globale Wolkenbedeckung und mit ihr die Rückstrahlkraft der Erde (Albedo) über lange Zyklen, die noch nicht vollständig verstanden sind. Eine sonnige Erde muss wärmer sein, weil mehr Energie am Boden ankommt. Zweitens die latente Wärme: Wasserdampf wird auf Meeresniveau verdunstet und kondensiert in großer Höhe erst nach starker Übersättigung. Wie schnell wird der Dampf hier „abgeräumt"? Welche Rolle spielen hier Kondensationskeime – anthropogene und natürliche? Eine Änderung der weltweiten Niederschlagsmenge um 10% bedeutet jedenfalls einen negativen Strahlungsantrieb von 8 Watt pro Quadratmeter, was den Effekt, den man derzeit dem CO_2 zuschreibt (2-3 Watt), mehrfach überkompensieren würde.

Wichtiger als immer komplexere und intransparentere Simulationen sind daher neue Überlegungen, die in der Lage sind, fundamental in die Annahmen des Modells einzugreifen. Ein sehr klar beschriebenes Modell stammt von Hermann Harde. In dem Büchlein "Was trägt CO_2 wirklich zur globalen Erwärmung bei?" [HA1] beschreibt er dieses Modell aus 228 Schichten und 32 Klimazonen (Bucky-Ball). Mit über 100.000 Linien der aktuellen HITRAN-Datenbank werden so die

Überlegungen von Manabe ins 21. Jhdt. übersetzt. Als Ergebnis steht eine Klimasensitivität des CO_2 von ca. 0,6 Grad, wobei hier bereits die negative Rückkopplung der Verdunstung eingerechnet ist.

In zwei späteren darauf aufbauenden Veröffentlichungen [HA2] separiert er die verschiedenen Effekte und beziffert den Wert nur für das CO_2 allein auf 1,1 Grad, also in guter Übereinstimmung mit Manabe. Die Wasserdampf-Selbstverstärkung schätzt er jedoch deutlich geringer ein als die negative Rückkopplung der Verdunstung. Deren Abkühlungseffekt führt dann dazu, dass der Wasserdampf die Erwärmung netto nicht verdoppelt, sondern eher halbiert. Besonders in den Tropen befördert stärkere Thermik mehr verdunstetes Wasser an die Tropopause. Dadurch sinkt die gesamte Klimasensitivität auf 0,7 Grad, also nur etwas oberhalb seiner vorherigen Berechnung.

In den folgenden Kapiteln wird nun die Physik des Treibhauseffekts in vier Schritten dargestellt. Schritt eins und zwei sind Bestandteil des Strahlungs-Konvektions-Gleichgewichts, über das im Rahmen seiner Annahmen allgemeine Einigkeit besteht. Schritt drei ist ebenfalls Teil der gängigen Klimamodelle und zeigt bereits die Schwächen eines einseitigen Teufelskreises. Schritt vier, nämlich die Rolle der Verdunstung, wird von den gängigen Klimamodellen i.d.R. nicht oder nicht ausreichend berücksichtigt.

7. Die Physik: Strahlung und Konvektion

Gase sind ein sehr schlechter Wärmeleiter. Wärmeübertragung findet hier vornehmlich durch Wärmestrahlung und Absorption statt und vor allem im infraroten Wellenlängenbereich (IR), da die meisten Gase im sichtbaren Bereich transparent sind. Um den Energietransfer innerhalb der Atmosphäre zu verstehen, zerlegt man diese gedanklich in konzentrische Schichten („Zwiebelschalen") und bilanziert für jede Schicht die Strahlungswirkung aller anderen Schichten auf diese Schicht. Der Einfluss der nächsten Schicht ist dabei am größten und nimmt für jede folgende Zwiebelschale exponentiell ab. So ergibt sich eine Integralgleichung (die Strahlungs-Transfer-Gleichung), die implizit die Bedingungen für einen Gleichgewichtszustand beschreibt, in dem dann alle Strahlungskonten ausgeglichen sind (s.Abb.4).

Die o.g. Integralgleichung hat für eine schwarze Atmosphäre (d.h. jede Schicht verhält sich wie ein Schwarzkörper-Strahler) eine erstaunlich einfache algebraische Lösung: Das Ergebnis ist ein Strahlungsfeld, das linear mit der optischen Dichte ansteigt [SCH]. Die Außenhaut hat dabei eine Temperatur von 84% (vierte Wurzel aus ½) der Gleichgewichtstemperatur des Planeten ohne „Treibhauseffekt" (siehe skin-Temperatur, z.B. [SAL]). Bei der Erde ist dies minus 59°C. Doch leider kann man die vereinfachten Gleichungen auf der Erde nicht verwenden. Im Wesentlichen aus drei Gründen. Erstens reduziert sich mit der Höhe die Dichte an Wasserdampf deutlich schneller als die Dichte des CO_2. Zweitens ist die Absorptionsfähigkeit der Erdatmosphäre nicht für jede Wellenlänge des Spektrums gleich. Drittens gibt es verschiedene Arten von Wolken, die ganz andere optische Eigenschaften haben, deren Entstehen u.a. von Kondensationskeimen beeinflusst wird und noch nicht im Detail verstanden ist.

Deswegen muss in der Realität der Erdatmosphäre ein Modell mit vielen Schichten (bei Manabe sind es 18) und Schätzwerten für Wolkenbedeckung gerechnet werden, und deswegen dauerte es bis in die 60er Jahre, dass eine plausible Beschreibung der Atmosphäre gelang. Die hier verwendeten „Modelle" berechnen nur einen eingeschwungenen (zeitlich konstanten) Zustand. Sie sind nicht zu verwechseln mit den später aufkommenden Zirkulationsmodellen (AOGCMs), die einen zukünftigen zeitlichen Verlauf simulieren wollen, wo sich aufgrund nichtlinearer Gleichungen die Fehler aufschaukeln können (deterministisches Chaos). Demgegenüber produzieren die statischen Modelle der Strahlungs-Transfer-Gleichung innerhalb ihrer Annahmen konsistente Ergebnisse.

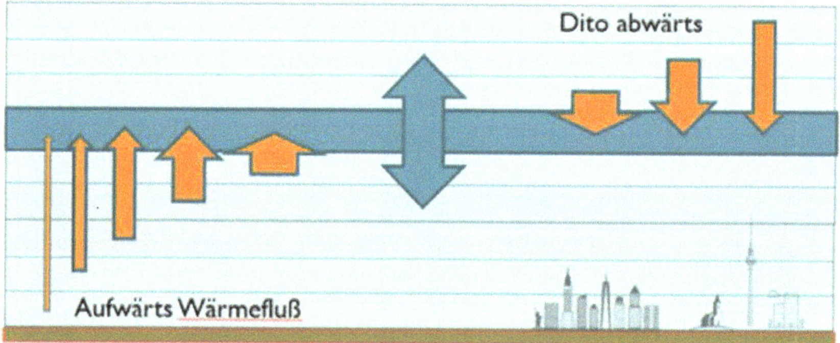

Abb. 4: Darstellung der Strahlungs-Transfer-Gleichung: Jede Schicht wird der Strahlung aller anderen Schichten ausgesetzt und absorbiert einen Anteil davon. Direkte Nachbarn haben einen größeren Einfluss als bereits abgeschwächte entferntere Schichten (orange Pfeile). Im Gleichgewicht muss die aufgenommene Menge der von dieser Schicht abgestrahlten Energie entsprechen (blaue Pfeile). Aus den Strahlungsmengen lässt sich nach der Stefan-Boltzmann-Gleichung die Temperatur ermitteln.

Das bodennahe wärmere Gas hat eine geringere Dichte und müsste deshalb aufsteigen. Da es dabei aber Arbeit an dem darüber liegenden Gas verrichtet, kühlt es sich sofort wieder ab. Konvektion kommt deshalb erst bei einem hinreichend großen Temperaturgradienten in Gang, und zwar wenn die sogenannte adiabatische Rate (lapse rate) erreicht ist. Diese hängt von der Luftfeuchte ab und hat für die Erdatmosphäre einen Wert von fünf bis zehn Grad pro Kilometer (im Mittel sind es 6,5 Grad pro Kilometer).

Das kennt jeder Gebirgswanderer von der Faustformel: Alle hundert Höhenmeter wird es ein halbes bis ein Grad kühler.

Ist der Temperaturgradient groß genug, dann entsteht eine Konvektionswalze, die die bodennahe Wärme und Feuchte mit sich in die Höhe reißt und den „Treibhauseffekt", der allein durch Strahlungstransfer entstünde, abschwächt (s.Abb.5). Zusätzliche absorptive Stoffe hätten ohne Konvektion eine erheblich höhere Klimasensitivität. Die Konvektionswalze bildet die Troposphäre -die bewegte Atmosphäre- und läuft im Mittel ca. 12 km bis zur Tropopause. Darüber ändert sich die Temperatur zunächst nur wenig und verharrt nahe der skin-Temperatur (s.o.) von minus 55-60°C. Dies führt zu einer sehr stabilen Schichtung (Stratosphäre).

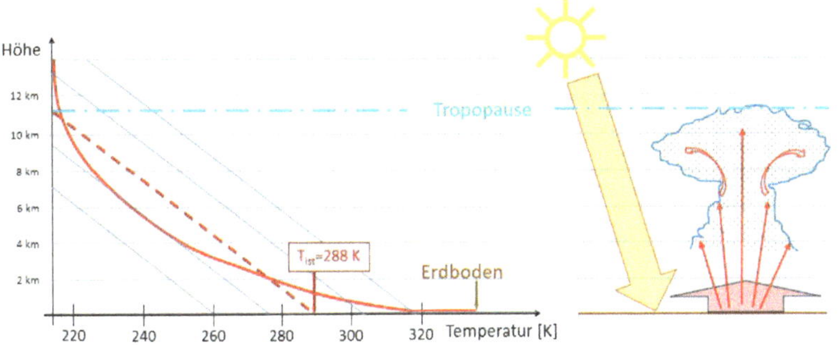

Abb. 5: Schematische Darstellung des Einflusses der Konvektion auf die Temperaturverteilung in der Atmosphäre. Der Temperaturverlauf nach Strahlungstransfer (links, rote Kurve) würde in den untersten Kilometern einen steileren Gradienten ergeben als die 6,5K/km, die gerade noch adiabatisch stabil wären (blaue schräge Geraden). Die dann aufsteigende Luft steigt ca. 10-12km und nimmt nicht nur Wärme, sondern auch Wasserdampf mit. An der Grenze zur Stratosphäre -der Tropopause- kommt die Konvektionswalze zum Stehen (rechte Grafik). Darüber ist die Temperatur fast konstant. Die Umverteilung der Wärme resultiert in einem linearen Profil (links, dunkelrot gestrichelt), welches am Erdboden deutlich kühler ist als ohne Konvektion. Steigt die Menge an Treibhausgasen, dann verschiebt sich mit der Strahlungs-Transfer-Kurve auch die Ausgleichsgerade nach rechts.

8. Rückkopplungsprozesse

Bald nach den ersten Arbeiten über eine mögliche Treibhauswirkung von CO_2 wurden auch die ersten Mechanismen der Selbstverstärkung diskutiert. Wenn nämlich die Temperatur steigt, dann erhöht sich auch die Fähigkeit der Atmosphäre Feuchtigkeit aufzunehmen. Und zwar eine nahezu exponentielle Zunahme nach dem Gesetz von Clausius-Clapeyron. Praktisch bedeutet dies eine Verdopplung der möglichen Feuchte-Aufnahme alle 10-12 Grad, oder etwa 6% pro Grad. Bleibt die relative Feuchte konstant -und das legen die Beobachtungen nahe- dann erhöht sich also der absolute Gehalt des Treibhausgases Wasser in der Atmosphäre. Das wiederum führt zu einer weiteren Erwärmung usw.

Ob dieses Verhalten zu einem Teufelskreis führt, hängt davon ab, wie stark der Kopplungsparameter λ ist. Ist er im ersten Schritt kleiner als 100% des Grundeffektes (λ_m), dann konvergiert die Summe aller Beiträge zu einem endlichen Grenzwert, bei 50% führt es z.B. zu einer Verdopplung. Mit der allgemeinen Formel $\frac{1}{1-(\lambda/\lambda_m)}$ [IPCC4] ergibt sich für die Erde mit einem Beitrag von +50-60% im ersten Schritt dann in Summe eine Verdopplung bis Verzweieinhalbfachung. Es gibt hier aber erhebliche Unsicherheiten, denn mehr Wasserdampf und Konvektion könnte ja auch zu mehr Wolkenbildung und Niederschlag führen, ein Prozess, der bis heute nicht richtig untersucht wurde. Das gibt selbst der IPCC in seinen Berichten immer wieder zu.

Wenn also mehr als die Hälfte der Erwärmung allein durch die Selbstverstärkung ablaufen würde, dann gälte das auch dann, wenn die Ursache der Erwärmung gar nicht das CO_2 ist. Wie schon in den 60er Jahren berechnet, würde 1% geringere Albedo (weniger Wolken= sonniger) dieselbe Erwärmung erzeugen wie doppeltes CO_2. Und auch das müsste sich entsprechend verstärken.

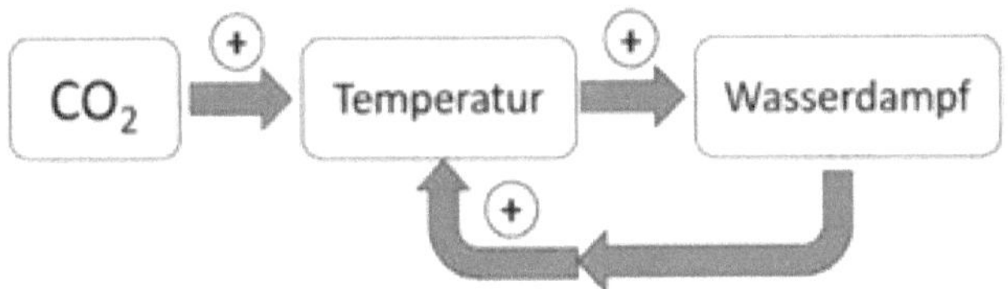

<u>Selbstverstärkung 1</u>: So sehen viele den Verstärkungsmechanismus durch Wasserdampf. Zu einem Teufelskreis führt das aber nicht. Außerdem braucht man das CO_2 eigentlich nicht. Auch jede andere Ursache der Erwärmung würde den rechten Teil des Prozesses anstoßen und sich selbst verstärken. Auch ist es egal, ob das CO_2 aus natürlichen oder anthropogenen Quellen stammt (s.u.).

Außerdem werden ganz andere Mechanismen diskutiert, wo CO_2 nicht die Ursache, sondern die Folge ist. Z.B. geben die Ozeane bei Erwärmung CO_2 ab, denn CO_2 löst sich in warmem Wasser schlechter als in kaltem. Ähnliches gilt für die Böden: In warmen Jahren findet erheblich mehr De-Kompostierung statt, so dass auch größere Mengen CO_2 freigesetzt werden als in kühleren Jahren. Auch das würde sich selbst verstärken, und auch das wäre unabhängig von dem Grund für die ursächliche Erwärmung. Und noch ein weiterer Mechanismus ganz ohne CO_2 wäre denkbar, wenn z.B. eine wärmere Erde tendenziell seine Wolken auflösen würde. Dann würde es noch sonniger, noch wärmer und noch weniger Wolken.

Es ist absurd, hinter jedem dieser Teufelskreise ein Katastrophenszenario zu sehen. Im Gegenteil ist dies eine Entwarnung, denn es zeigt, dass es irgendwo auch eine negative Rückkopplung geben muss. Sonst wäre das Klimasystem der Erde mit seinen vielen Heiß- und Kaltphasen in den letzten Jahrmillionen längst davongelaufen. Möglich ist, dass es zusätzliche Einflüsse auf die Wolkenbildung gibt (s.u. Keimbildung durch kosmische Strahlung?), die das Klima auf der Erde entscheidend modulieren.

Die Angst vor der Gefahr sogenannter „Kipp-Punkte" ist letztlich ein Kind dieser Denkweise. Denn bei ausschließlich positiven

Rückkopplungen (Teufelskreise) ohne jegliche negative Rückkopplung muss das Klima der Erde ja als äußerst sensibles System erscheinen, in dem schon kleinste Auslenkungen vom Gleichgewichtszustand katastrophale Folgen haben können.

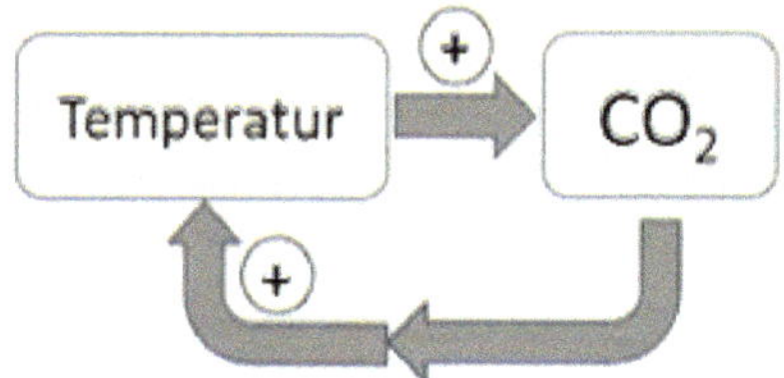

Selbstverstärkung 2: Auch die Erzeugung von CO_2 aus der Zersetzung von Humus und Ausgasen aus den Ozeanen müsste ein sich selbst verstärkender Mechanismus sein. Sicher ist jedenfalls, dass in kühlen Jahren ein geringerer Anteil der CO_2-Emissionen in der Atmosphäre bleibt, dass also die Netto-Aufnahme von Biosphäre und Ozean dann höher ist als in warmen Jahren.

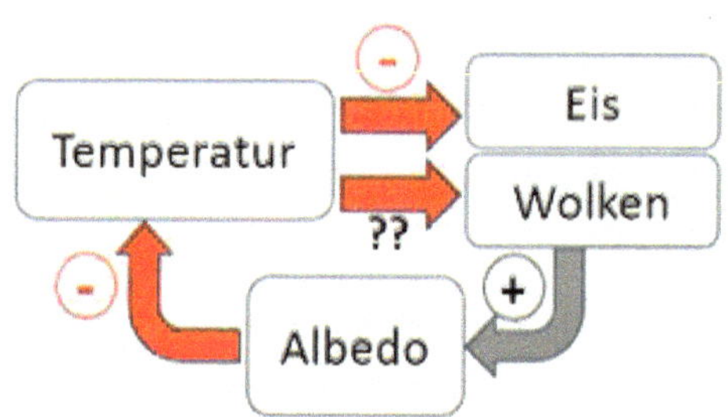

Selbstverstärkung 3: Der IPCC schreibt den derzeitigen Wolkenrückgang dem steigenden CO_2-Gehalt zu. Das wäre ein weiterer Teufelskreis, da eine sonnigere Erde seinerseits auch wieder wärmer würde (Temperatur steigt → weniger Wolken → geringere Albedo → Temperatur steigt). Es ist aber fraglich, ob dieser Zusammenhang so gilt, denn der Wolkenrückgang könnte auch andere Ursachen haben. Einleuchtend ist dieser Zusammenhang aber für das Eis, wo eine positive Rückkopplung den Haupteffekt der höheren Klima-Sensitivität der frühen Klimamodelle bewirkte.

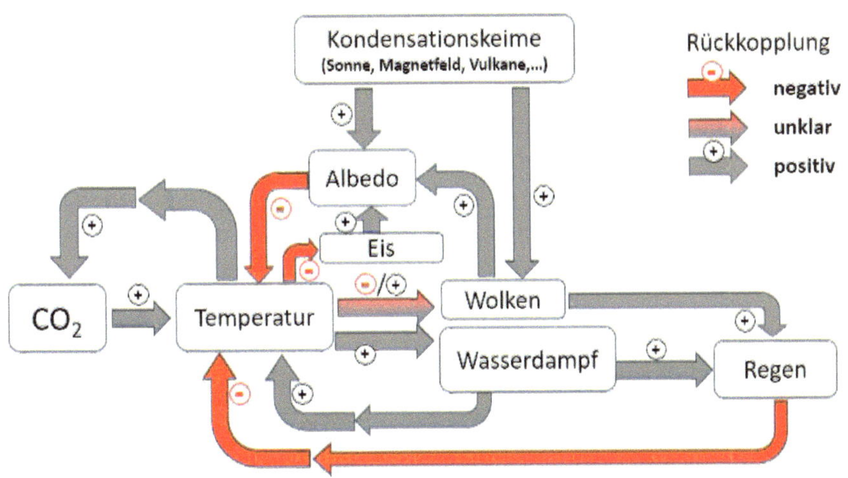

Selbstverstärkung   4:   Eine   umfassende   Beschreibung   der Verstärkungsmechanismen wäre ein komplexer Superzyklus, der sicher nicht monokausal zu beschreiben ist. Insbesondere liegt es nahe, dass es auch einen   externen   Einfluss   gibt,   ohne   den   selbst   die   moderaten nacheiszeitlichen Klimaschwankungen der letzten Zehntausend Jahre kaum zu erklären wären.

Ein Szenario könnte so aussehen: Nach einem Vulkanausbruch, einem Sonnensturm oder einem Polsprung des Erdmagnetfelds gibt es erheblich mehr Kondensationskeime in Troposphäre und Stratosphäre. Die Wolken nehmen zu. Regenmenge und Albedo steigen, beides lässt die Temperaturen sinken. Die Atmosphäre gibt einen Teil seines CO_2 und Wasserdampfes ab, während der Eispanzer wächst. Alles davon führt zu weiterer Abkühlung. Doch   die   Kondensationskeime   werden   irgendwann   weniger,   die Wolkendecke geht zurück, geringere Albedo und weniger Regen führen zu höheren Temperaturen. Der Vorgang läuft dann mit umgekehrtem Vorzeichen.

9. Mehr Wasser doch weniger Regen: Ein Paradoxon?

Nachdem Syukuro Manabe unter Berücksichtigung von Strahlung, Konvektion und Wasserdampf-Selbstverstärkung Ende der 60er Jahre eine anscheinend so zufriedenstellende Beschreibung der thermischen Balance der Atmosphäre gelungen war, widmete er sich fortan nicht mehr der Verfeinerung der mitwirkenden physikalischen Prozesse, sondern wandte sich der komplexeren Aufgabe der Zirkulationsmodelle (AOGCMs) zu. Und das galt auch für den überwiegenden Rest der Wissenschaftler. Die Frage nach der lokalen Wärmebilanz schien abgegrast, die Karawane zog weiter.

Dabei wurde ein vierter Mechanismus, der in den Kanon der Effekte hätte aufgenommen werden müssen, vernachlässigt. Die Rede ist hier von der Verdunstung. Zwar taucht diese spätestens 1975 bei Manabe's erster Simulation [MW2] und später in den 90er Jahren in den globalen Wärmebilanzen explizit mit einem gemittelten Energiefluss von ca. 80 Watt pro Quadratmeter auf, wird jedoch offenbar nicht adäquat als abschwächender Mechanismus der Klimasensitivität in den Modellen berücksichtigt. Das ist aber von entscheidender Bedeutung, denn die Verdunstung kühlt die Atmosphäre dort, wo „die globale Temperatur" gemessen wird. Über dem Ozean verdunstet dabei mehr als im Durchschnitt, über Land deutlich weniger.

Mit jedem Grad Erwärmung müsste bei gleichbleibender relativer Feuchte die Menge an Wasserdampf in der Atmosphäre um ca. 6% steigen.[1] Stiege dann auch die globale Regenmenge entsprechend, dann entstünde so viel Verdunstungskälte, dass sich ein Großteil der Ozeane derzeit sogar abkühlen müsste. Das wird aber nicht

---

[1] Beobachtungen kommen laut einem IPCC-Bericht (AR4 p.272) auf einen Wert von ca. 5%. Der etwas kleiner als erwartete Wert könnte möglicherweise mit anthropogener Landnutzung, z.B. Abholzung von Regenwäldern, zusammenhängen.

beobachtet. Ein Paradoxon? Nein, denn der absolute Anstieg an Wasserdampf sagt nichts darüber aus, ob es dadurch nun mehr regnet – es ist ja mehr Wasser im Umlauf – oder weniger – die Atmosphäre kann ja nun auch mehr Wasser halten. Der Schlauch wird dicker, aber transportiert er auch mehr Wasser? Die korrekte Frage lautet also: Was steuert die globale Regenmenge? Man beobachtet zwar derzeit wie erwartet parallel zur Erwärmung auch mehr Wasserdampf in der Atmosphäre. Anders als erwartet stagniert aber der weltweite Niederschlag und es wird sonniger. Viele Klimamodelle, die den fehlenden Regen nun gleich direkt der Erwärmung und damit dem CO_2 in die Schuhe schieben, machen es sich hier zu einfach.

Für eine Auflösung der Frage muss man sich aber mit dem Mechanismus der Regentropfenbildung genauer auseinandersetzen. Kühlt man feuchte Luft ab, dann kann sie immer weniger Feuchte aufnehmen und ist beim Erreichen des Taupunkts gesättigt. Kühlt man dann noch weiter ab, dann müsste nun eigentlich ein Teil der Feuchte kondensieren und kleine Tröpfchen mit dem Wasserdampf im Gleichgewicht stehen. Jedoch passiert das in den seltensten Fällen sofort, denn die Bildung eines Tröpfchens ist mit einer zusätzlichen Grenzfläche Wasser-Luft und einer gewissen Oberflächenenergie verbunden. Da ein kleiner Tropfen viel Oberfläche pro Volumen hat, ist das zunächst in Summe nachteilhaft und kommt nicht zustande. Aller Anfang ist also schwer. Erst ab einer bestimmten Größe wachsen die Tröpfchen von allein weiter, da dann das Verhältnis der zusätzlichen Oberfläche und dem neu gebildeten Volumen immer günstiger wird. Deshalb sind Luftmassen oft erheblich mit Feuchte übersättigt, bis der Kondensationsprozess in Gang kommt.

Die Kondensation kann aber deutlich unterstützt werden, wenn die Tröpfchen nicht mit Radius Null starten müssen, wenn also entsprechende Kondensationskeime vorhanden sind, die schon die Eigenschaft eines größeren Tröpfchens haben (s.Abb.6). Das wird gelegentlich zur kurzfristigen Wettermanipulation ausgenutzt. Durch das „Impfen" von Wolken mit einer Silberjodid-haltigen Mischung kann deren Abregnen induziert werden. Aber auch andere Stoffe sind als Keime geeignet. Wichtiger als Vulkanasche könnten hier auch Partikel aus dem Weltraum sein. Denn von dort erreicht uns laufend ein Strom hochenergetischer Teilchen, die beim Eintritt in die Atmosphäre eine Spur ionisierter Gase reißen.

Dieses Prinzip nutzt die so genannte Nebelkammer, ein früher Detektor für ionisierende Strahlung, der aus einem Glasbehälter mit einem übersättigtem Luft-Alkohol-Gemisch besteht. Ein durchquerendes Teilchen erzeugt hier entlang seiner Trajektorie eine kleine Tröpfchenspur. Die Zahl kosmischer Teilchen, die die Erde erreichen, hängt wiederum von vielen Faktoren ab, so z.B. dem Erdmagnetfeld, der Sonnenaktivität [VL], aber möglicherweise auch weiteren kosmischen Ereignissen. Wie und ob der globale Bewölkungsgrad der Erde mit der Zahl der eintreffenden Teilchen zusammenhängt, ist seit Jahren ein spannendes Forschungsthema und noch nicht eindeutig geklärt [SVE]. Zusätzlich zur Wolkenbedeckung (➜ Einfluss auf die Albedo) könnte hierdurch aber auch die globale Niederschlagsmenge moduliert werden, denn entscheidend für den „Durst" der Atmosphäre ist die Frage, wie schnell der übersättigte Wasserdampf oben „abgeräumt" wird (s.Abb.6). Und der Niederschlag kühlt doppelt: Erst beim Verdunsten, dann als kalte Fracht von oben.

Oft ist die Sorge um eine Erwärmung überlagert von der Sorge einer globalen Dürre. Die Rekordsommer von 2018 und 2019 wurden nicht wegen ihrer Hitze, sondern ihrer langanhaltenden Trockenheit als „Beweis" dafür angesehen, dass der Klimawandel nun bei uns angekommen ist. Das ist natürlich absurd, denn man kann bei zwei trockenen Jahren hintereinander noch nicht von Klima sprechen. Auch sind solche Sommer historisch überhaupt nicht einmalig, sondern mehrfach für das Mittelalter belegt (Austrocknen von Rhein und Donau im 12.Jhdt.). Und jetzt, im verregneten Winter 2023/24 hört man Stimmen, die nach der Trockenheit nun auch den mehr als reichlichen Regen dem CO_2 zuschreiben wollen. Was ich mir nicht erklären kann, schreib ich dem CO_2 an!?

Wie oben gesagt wird in Klimamodellen aber oft auch die Trockenheit direkt dem CO_2 angelastet, wofür es keine gesicherte naturwissenschaftliche Grundlage gibt. Handelt es sich hier um eine Korrelation oder Kausalität? Oder hängen beide von einer dritten Größe ab: Die Wolken verschwinden aus anderen Gründen, und als Folge wird es sonniger und dadurch wärmer und trockener? Über die globalen Regenmengen gibt es indes kaum verlässliche Zeitreihen, zumindest keine mit einer Genauigkeit von besser als 10%. Und das entspräche auf Meeresniveau einem Energiestrom von 8W/m^2 und wäre auch höhenkorrigiert (Bezugspunkt ist normalerweise die Tropopause) noch deutlich größer als der theoretische Effekt der anthropogenen Emissionen, der vom IPCC mit etwas über 2W/m^2 angegeben wird [IPCC5].

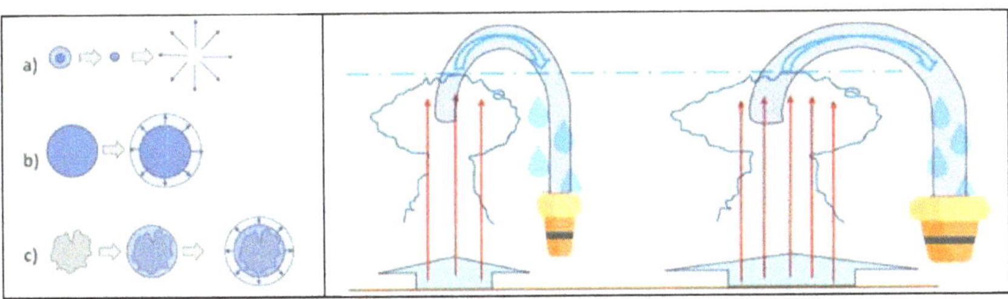

Abb. 6: Tropfenbildung (links): Zu kleine Tropfen lösen sich spontan auf (a), erst ab einer gewissen Größe wachsen sie (b). Staub und andere Kondensationskeime sehen bei erster Benetzung manchmal schon so aus wie ein großes Tröpfchen (c) und beschleunigen die Kondensation.

Schematische Darstellung des Zusammenhangs von Verdunstung und Regenmenge (rechts). Wenn mehr Wasser in der Atmosphäre ist, heißt das noch nicht, dass es auch mehr regnen muss. Wie bei einem Schlauch: Ein dickerer Schlauch transportiert nicht unbedingt mehr Wasser.

10. Zugabe: Der Fall Venus

Oft wird die Venus als Beweis dafür herangezogen, dass ein hoher CO_2-Gehalt die Atmosphäre gefährlich aufheizen kann. Denn unser Schwesterplanet hat eine Atmosphäre, die zu 96% aus CO_2 besteht, und auf dem Venusboden ist es ca. 460°C heiß. Es soll früher einmal ähnlich viel Wasser gegeben haben wie auf der Erde. Das ist aber innerhalb von hunderten Jahrmillionen verdunstet, dissoziiert und der Wasserstoff in den Weltraum entwichen. Heute ist es ein Spurengas (ca. 30 ppm).

Dies scheint zunächst den verheerenden Einfluss des CO_2 auf das Klima zu bestätigen. Allerdings gibt es noch mehrere klärungsbedürftige Unterschiede zur Erde. Der wichtigste ist, dass die Masse der Venusatmosphäre 92-mal so groß ist wie die der Erde, d.h. auf dem Venusboden herrscht ein Druck wie in fast 1000m Wassertiefe. Dazu kommt ein gewisser Gehalt an Schwefeloxiden und die sich in Verbindung mit Wasser bildende Schwefelsäure. Ein Mensch würde auf dem Venusboden nicht nur verdampft, sondern auch verätzt und zerquetscht werden.

Beide Faktoren tragen erheblich zum "Treibhauseffekt" der Venus bei. Die Schwefelsäure absorbiert an den Stellen, wo CO_2 nicht absorbiert und reduziert das atmosphärische Fenster erheblich. Die hohe Masse der Atmosphäre führt dazu, dass die Konvektionswalze nicht zehn, sondern fast fünfzig Kilometer hoch ist. Allein dadurch läuft eine Temperaturdifferenz von etwa 350 Grad auf. Man kann diesen Effekt auch für die Erde abschätzen: 92 bar Druck hätte man, wenn man eine Senke von 36 Kilometer Tiefe schaffen würde (6,5 Verdopplungen des Drucks alle 5,5km). Dort wäre es dann ca. 230 Grad wärmer als auf Meereshöhe. Wohlgemerkt bei demselben CO_2-Gehalt von 400ppm. Mehr als die Hälfte der hohen Venus-Temperatur hat also sicher nichts mit dem CO_2 zu tun.

Und es gibt viele weitere Unterschiede zwischen Venus und Erde: So ist die Venus näher an der Sonne, was aber durch ihre etwas höhere Albedo überkompensiert wird. Ein weiterer Unterschied besteht darin, dass nicht einmal 3% der Sonnenstrahlung auf den Venusboden gelangt, da in höheren Schichten viele, z.T. noch unbekannte Absorber das direkte Sonnenlicht schlucken [BEN]. Dadurch ist es in der unteren Atmosphäre der Venus nicht nur dunkel, sondern auch ruhig. Erst oberhalb der Wolken, in achtzig bis hundert Kilometern Höhe, gehen starke Seitenwinde. Auf der Erde ist das umgekehrt: Gerade im untersten Teil, in der Troposphäre geht es viel turbulenter zu als in der darüber liegenden Stratosphäre.

Aber man braucht gar nicht so tief in die Physik einzusteigen, um das eingangs so oberflächlich ins Feld geführte 96%-CO_2-Argument der Venus zu entkräften. Denn auch die Atmosphäre unseres anderen Nachbarplaneten Mars besteht zu 95% aus CO_2, und es ist dort mit ca. minus 60°C deutlich kälter als auf der Erde. Warum? Auf dem Mars ist die Atmosphäre deutlich dünner, der Druck beträgt nicht einmal ein Hundertstel des Normaldrucks der Erde auf Meereshöhe. Hohe Oberflächentemperaturen werden also viel mehr durch die Dicke der Planeten-Atmosphäre als durch dessen chemische Zusammensetzung hervorgerufen.

Alles in allem sind die klimatischen Verhältnisse noch nie auf einem fremden Planeten allein durch theoretische Berechnungen korrekt vorhergesagt worden. Zum Teil liegt das daran, dass man erst sehr wenige Planeten untersucht hat (vor allem Venus, Mars & Jupiter) und dort oft nicht bis zum Boden durchgucken kann. Erst Forschungssonden können hier Klarheit schaffen und sorgen dann mitunter für Überraschungen, die man dann im Nachhinein zu erklären versucht.

11. Jenseits von CO_2 und Klima

Treibhausgase beeinflussen das Klima. Das braucht man gar nicht zu bestreiten. Das gilt auch für das CO_2 der Erdatmosphäre. Die Frage ist nicht ob, sondern wie viel. Aufgrund des Zusammenspiels vieler Prozesse, die zum Teil noch nicht richtig untersucht wurden, gibt es bis heute einen großen Fehlerbalken. Ist eine Verdopplung des CO_2-Gehaltes nun katastrophal oder beherrschbar? Und werden wir eine Verdopplung überhaupt jemals durch die Nutzung fossiler Brennstoffe erreichen?

Das leitet über zum Thema Energie. Unsere zivilisierte Gesellschaft ist seit Jahrzehnten abhängig von fossilen Brennstoffen, vor allem vom Öl. Eine längere Unterbrechung der Lieferkette hätte hier viel dramatischere Auswirkungen als ein etwas wärmeres Klima. Das hat man an den Energiekrisen der 70er Jahre gesehen als der Ölpreis um ein Vielfaches nach oben schnellte und zudem die OPEC ein Ölembargo gegen mehrere westliche Länder aussprach. Diese Abhängigkeiten wurden aber dann neu bewertet und entsprechende Gegenmaßnahmen eingeleitet: Neben einer verpflichtenden 90-tägigen Notbevorratung, der Erschließung neuer Ölquellen und dem Ausbau der Kernenergie gab es auch einen ersten Anstoß für Erneuerbare Energien.

Eine diversifizierte Energiepolitik ist für das Wohlergehen der Zivilisationen wichtiger als eine nur an CO_2-Vermeidung ausgerichtete Klimapolitik. Denn viele andere Probleme fallen dabei unter den Tisch. Da wäre zuerst das Problem der Landnutzung. Durch Flächenversiegelung ändern wir die Bodenfeuchte und die Albedo der Erde. Das greift ebenfalls in den Energiehaushalt der Atmosphäre ein und ist vielleicht sogar klimawirksamer als ein höherer CO_2-Gehalt. Zudem kann Abholzen des Regenwaldes für landwirtschaftliche Flächen, ob für Brot oder Bio-Diesel, zu lokalen Problemen wie Erosion und Austrocknung führen. Denn ein Teil des kontinentalen tropischen Regens stammt aus dem kleinen Wasserkreislauf des Wasserspeichers Regenwald.

Das Thema Wasser ist überhaupt viel wichtiger als das Thema Erwärmung. Darauf wird auch in den IPCC-Berichten hingewiesen. In vielen Teilen der Welt wird fossiles Wasser genutzt, ohne dass sich die Menschen vor Ort genug Gedanken darum machen. Dafür gibt es aus allen Kontinenten Beispiele:

<u>Europa</u>: Viele Seenplatten von Schweden bis zum Alpenrand sind Toteiskessel und Relikte der letzten Eiszeit. Es ist wohl nur eine Frage der Zeit, bis sie verschwinden. Viele flache Seen, manche größer als der Chiemsee, sind es bereits. Wer kennt noch den Ascherslebener oder den Rosenheimer See?

<u>Amerika</u>: In den USA fanden die ersten Siedler noch gigantische unterirdische Wasserspeicher vor, die oft zu artesischen Brunnen führten. Unter den Great Plains lag ein mehrere Millionen Quadratkilometer großer See, der inzwischen durch die Landnutzung stark reduziert und in viele kleine Reservoire zerfallen ist.

In <u>Asien</u> könnte man das Schicksal des Aral-Sees nennen, der durch Bewässerungsprojekte im Süden der damaligen Sowjetunion nun fast vollständig ausgetrocknet ist. Noch viel mehr Menschen sind aber von den Schmelzwässern des Himalayas betroffen. Wird es wärmer, dann sind einige Gletscher bald verschwunden, wird es kälter, dann wachsen die Gletscher, und die Schmelzwässer gehen zurück. Wir leben in einem glücklichen Übergangszustand.

Und in <u>Afrika</u> zeugen heute nur noch wenige Oasen von einer ehemaligen Feuchtsavanne, die vor 6000 Jahren austrocknete und die Menschen ins Niltal drängte.

Das Versiegen großräumiger Wasservorkommen führt in einer immer dichter besiedelten Welt unweigerlich zu Konflikten, die in Zukunft ähnlich erbittert militärisch ausgefochten werden dürften wie die

Kriege ums Öl. Und auch die reißen nicht ab, auch wenn sie subtiler geführt werden als in der Vergangenheit. Vor einigen Jahren schien es bei Kriegen ums Öl noch um die Frage zu gehen, welche Nation Zugriff auf die Ressourcen haben sollte. Saddam Hussein wurde von den USA aus Kuwait zurückgedrängt, weil der zuvor vom Irak überfallene pro-westliche Emir die Hand auf dem Ölhahn haben sollte. Die USA unterstützte ebenfalls die Taliban in Afghanistan, u.a. deshalb, weil man sich erhoffte unter ihrer Diktatur schneller eine schon lange geplante Erdgas-Pipeline von Turkmenistan an den Indischen Ozean bauen zu können [FWA]. Dabei würde Russland, durch dessen Territorium das Erdgas sonst fließen würde, geopolitisch geschwächt werden.

Heute stellt sich die Frage offenbar etwas anders. Heute ist die Frage, wer innerhalb der Nation diesen wertvollen Rohstoff verbrennen darf: Zivilisten, um damit so etwas „Egoistisches" zu tun wie in den Urlaub zu fliegen, oder das Militär, um „höhere politische Werte" durchzusetzen. So kommt es einem zumindest vor, wenn man die Rhetoriken zum Ukrainekrieg und zum angeblichen Klimanotstand vergleicht. Auf der einen Seite wird allen Ernstes ein Klima-Lockdown diskutiert, wo mit Einschränkung der persönlichen Mobilität auch ein guter Teil unserer Freiheitsrechte begraben würde. Auf der anderen Seite ist im Krieg gegen „das Böse" kein Rohstoff zu schade. Wieviel Sprit frisst ein Panzer oder ein Kampfjet? Egal! Und wenn die Treibstoffvorräte des Feindes in Brand gesetzt werden, dann werden die Emissionen sogar bejubelt. Nicht nur Kohlendioxid, sondern auch Kohlenmonoxid, Ruß und Dioxine. Von den Menschen, die dabei umkommen, ganz zu schweigen.

Wird die Klima-Gesetzgebung also zu einem praktischen Werkzeug zur Durchsetzung von Machtinteressen? Die totale Dekarbonisierung um jeden Preis ist in den letzten Jahren jedenfalls zum obersten politischen Ziel geworden. Alles darf hinterfragt werden, nur das Pariser Klimaabkommen nicht. Die stromlinienförmige Ausrichtung des Staates an nur einem Ziel nennt man Faschismus. Wir sollten uns eher um die Rettung von Frieden und Freiheit Gedanken machen als um das Weltklima. Ein Atomkrieg könnte die menschliche Zivilisation auslöschen, eine etwas wärmere Erde nicht. Was würde Maggie Thatcher heute wohl in einer Rede vor der UNO sagen?

12. FAZIT

Das CO_2 spielt bei der Temperierung der Erde eine gewisse Rolle („Treibhausgas"), denn erst durch sein Mitwirken ließ sich im Laufe des 20.Jahrhunderts die beobachtete Temperaturverteilung der Atmosphäre zufriedenstellend erklären. Jedoch muss eine Sichtweise, die keine externen oder bremsenden Faktoren zulässt, seine Klimasensitivität systematisch überschätzen. Zumindest im Rahmen der IPCC-Berichte wird nicht ernsthaft nach anderen als anthropogenen Kandidaten für die derzeitige Erwärmung gesucht. Viele Ergebnisse der Klima-Modelle sind aber nur ein Spiegel ihrer Annahmen: Man füge eine positive Rückkopplung hinzu (z.B. Eis-Albedo Effekt), und die Klimasensitivität steigt. Man füge eine negative Rückkopplung hinzu (Verdunstung, Wolken), und die Klimasensitivität sinkt. Garbage in, garbage out. Das sind Modelle.

Einer der möglichen natürlichen bremsenden Kandidaten ist der globale Zyklus aus Verdunstung, Wolkenbildung und Niederschlag, dessen globale Menge bislang noch nicht genau genug über lange Zeiten untersucht wurde. Die Verdunstung ist im globalen Mittel mit 80 Watt pro Quadratmeter einer der entscheidenden Klimatisierungsfaktoren. Jedes Gramm Wasser kann die Atmosphäre aber nur als Regen wieder verlassen. Stockt der Regen, dann stockt die weitere Verdunstung, denn die relative Feuchte der Atmosphäre bleibt ziemlich konstant. Schon plus-minus 10% globaler Niederschlag würde also eine konstante Änderung des Energiestroms von acht Watt pro Quadratmeter auf Meereshöhe bedeuten. Das ist mehr als der Strahlungsantrieb, den man bei CO_2-Verdopplung theoretisch erwarten würde und in etwa das Dreifache dessen, was man dem anthropogenen Anteil des CO_2 heute zuschreibt. Dazu käme möglicherweise eine Änderung der Wolkenbedeckung, die ebenfalls einen erheblichen Einfluss haben kann.

Das Entstehen von Regentropfen in der oberen Troposphäre hängt entscheidend von verfügbaren Kondensationskeimen ab. Diese wiederum können auf verschiedene Arten entstehen, u.a. durch hochenergetische Teilchen von der Sonne und aus dem Kosmos, und sie werden unterschiedlich von der Erde aufgenommen, je nachdem wie stark das Erdmagnetfeld gerade ist. Erst durch diesen Prozess lassen sich die klimatischen Schwankungen verstehen, die wir im geologischen Klimaarchiv ablesen können.

Eine kritische Analyse nicht eingetretener Horrorszenarien aus frühen Modellen findet nicht statt, oder erreicht zumindest nicht die Öffentlichkeit. Anstelle dessen werden immer düsterere Prognosen einer immer ferneren Zukunft propagiert. Wer mehr als das executive summary der IPCC-Berichte liest, der erkennt indes, dass es gar nicht die Klimaänderungen sind, die „immer schlimmer" werden. Vielmehr steigt das CO_2, also die vermeintliche Ursache, immer schneller. Und hat nicht den Effekt, den man erwartet hat. Zudem ist das Bild des Hockeyschlägers falsch, wenn er bildlich suggeriert, dass das sanfte Harfenspiel eines himmlischen Engels jäh durch einen menschlichen Spielmannszug zerstört wird. Es war auch ohne den Menschen jede Menge Musik im Klima. Und nun ändert der Mensch ein wenig mit. Um im Bild der Musik zu bleiben: Zum natürlichen Streichquartett setzt sich eine zweite Geige (s.Abb.7).

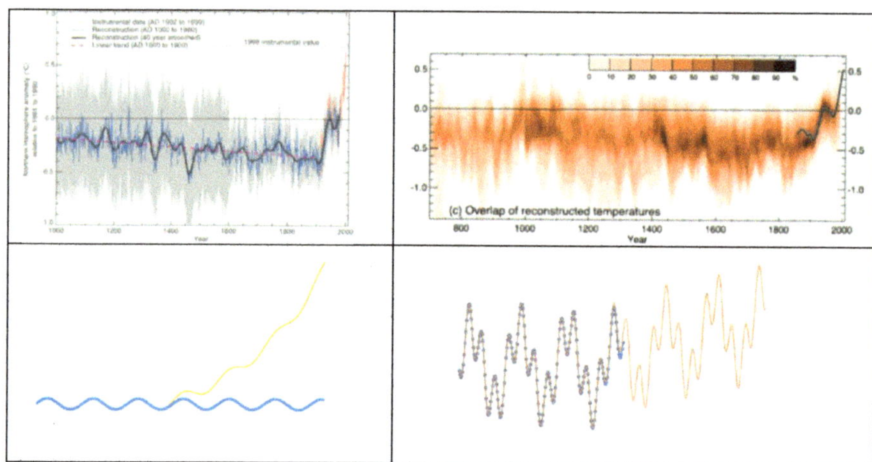

Abb. 7: *Zwei Sichtweisen des anthropogenen Einflusses auf das Klima. Der Hockey-Stick (oben links) aus dem 3. IPCC-Bericht suggeriert gleichförmiges Klima, welches erst durch den Menschen brutal gestört wird. Mathematisch ähnelt dies einem Sinus mit kleiner Amplitude, der von einer stark ansteigenden Funktion überlagert wird (unten links). Schon im folgenden IPCC-Bericht sah man die Klimaschwankungen realistischer (oben rechts). Der Anstieg sieht hier weniger bedrohlich aus. Mathematisch lässt sich das so beschreiben, dass die Summe der natürlichen Schwankungen um einen Term erweitert wird (unten rechts).*

Glossar

Absorption, von lat. *absorbere* „verschlingen", bezeichnet hier die Aufnahme von Strahlungspaketen (Photonen) durch einen Stoff. Der absorbierende Stoff ist dann in einem angeregten Zustand und regt sich nach einer bestimmten Zeit wieder ab. Bei einem sogenannten **schwarzen Körper** werden **Photonen** gemäß der **Planck-Verteilung** ausgestoßen, bei Gasen nur in bestimmten Wellenlängen oder durch Stöße mit den Nachbarn. Die Stärke der Absorptionsfähigkeit heißt Absorptivität.

adiabatisch, von gr. *adiabatos* „nicht hindurchtretend" bezeichnet einen thermodynamischen Vorgang, der schnell genug ist, dass er ohne den Austausch von Wärme stattfindet. Zwei typische Beispiele hierfür sind die Luftpumpe und das Ventil einer Druckflasche: Im ersten Fall wird durch Verdichten Arbeit an der Luft im Kolben verrichtet (➜ Erwärmung), im zweiten Fall verrichtet das ausströmende Gas beim Entspannen Arbeit an der umgebenden Luft (➜ Abkühlung). Durch diesen Effekt stellt sich in der Atmosphäre ein nach oben abfallendes Temperaturprofil ein. Eine kältere und dichtere Luftschicht liegt bis zu einem gewissen Temperaturgradienten (lapse-rate) stabil auf einer wärmeren Luftschicht, da beim Platzwechsel sich die obere zu stark erwärmen und die untere zu stark abkühlen würde.

Albedo, von lat. *albus* „weiß", bezeichnet das Rückstrahlvermögen („die Weißheit") eines Körpers. Eine Albedo von 0,3 wie bei der Erde bedeutet, dass 30% der einfallenden Strahlung reflektiert wird. Entsprechend werden 70% absorbiert und tragen zur Erwärmung der Erde bei.

anthropogen, von gr. *anthropos* „Mensch" und *genese* „Erschaffung", bedeutet menschengemacht

AOGCM, Atmosphere Ocean General Circulation Model bezeichnet ein komplexes Modell, in dem die Erde unter Berücksichtigung von Atmosphäre und Ozean in ein 3-dimensionales Raster aufgeteilt wird und thermische Prozesse simuliert werden sollen.

atmosphärisches Fenster bezeichnet einen Teil des **Infrarot**-Spektrums (ca. 8μm - 13μm), in dem es auf der Erde keine natürlichen Absorber gibt, so dass dieser Teil der Wärmestrahlung ungehindert vom Erdboden ins All entweichen kann.

El Niño, spanisch „Christkind", bezeichnet ein alle paar Jahre wiederkehrendes Phänomen außergewöhnlich warmen Oberflächenwassers an der südamerikanischen Pazifikküste. Ursache sind die ebenfalls periodisch nachlassenden Passatwinde und ein Zurückschwappen des warmen Oberflächenwassers aus dem Westpazifik, das das ansonsten aufquellende kalte nährstoffreiche Tiefenwasser verdrängt. Die vielen dann oft aufschwimmenden toten Fische wurden als „Bescherung" oder Christkind, el Niño, bezeichnet.

Emission, Re-Emission, von lat. *emissio* „Aussendung" ist das Gegenstück zur **Absorption**. Emission erfolgt bei Gasen nur in bestimmten charakteristischen Wellenlängen, bei **schwarzen Körpern** aber in einem kontinuierlichen **Spektrum** gemäß der **Planck'schen Verteilung**.

Feuchte, absolut & relativ. Luft möchte je nach Temperatur eine bestimmte Menge Wasserdampf aufnehmen. Meist ist die absolut aufgenommene Menge (in Gramm pro Kubikmeter) kleiner als die maximal mögliche Menge. Der Quotient dieser beiden Zahlen ist die relative Feuchte (in Prozent).

GCM, General Circulation Model, eine Vorform der AOGCMs.

HITRAN steht für High Resolution Transmission und ist eine Datenbank für Absorptionslinien von Molekülen. Sie steht unter www.hitran.org jedermann zur Benutzung zur Verfügung.

IR oder **Infrarot** ist der Teil des elektromagnetischen Strahlungsspektrums, der sich unmittelbar an das sichtbare **Spektrum** anschließt. Warme Körper, die nicht heiß genug sind, um sichtbares Licht zu emittieren, strahlen im IR-Bereich. Infrarot-Strahlung wird deshalb auch Wärmestrahlung genannt.

IPCC oder Intergovernmental Panel on Climate Change ist eine politische Organisation, die im Auftrag der Regierungen ihrer Mitgliedsstaaten alle fünf bis sieben Jahre einen Sachstandsbericht zum Weltklima herausbringt. Obwohl dort ursprünglich jeder Wissenschaftler zur objektiven Mitarbeit eingeladen werden sollte, hat sich sehr bald ein politisch motivierter Kern gebildet, der Leitlinien setzt und abweichende Meinungen ausgrenzt. Das wurde bereits im Nachgang des 3.IPCC-Berichts deutlich, als sich herausstellte, dass die Daten, die zur sogenannten Hockeyschläger-Kurve führten, erheblich manipuliert waren (man sprach in Anlehnung an die Watergate-Affäre auch von „Climategate").

Kelvin ist ein Maß der Temperatur, das gegenüber Grad Celsius um 273 Grad nach oben verschoben ist. Die Temperatur von Null Grad Kelvin (minus 273 Grad Celsius) ist der absolute Nullpunkt, der physikalisch nicht unterschritten werden kann. Die Kelvin-Temperatur wird daher auch absolute Temperatur genannt.

Klima-Sensitivität ist der Temperaturanstieg, der sich rechnerisch durch eine CO_2-Verdopplung ergeben müsste.

Konvektion, von lat. *convehere* „mittragen" bezeichnet das Aufsteigen eines von unten erwärmten Gases oder einer Flüssigkeit. Sie kommt aber erst zustande, wenn ein ausreichender Temperatur-

Gradient, der **adiabatische** Gradient, erreicht wird. In Gasen, wo Wärmeleitung i.d.R. schlecht ist, stellt die Konvektion oft den wichtigsten Mechanismus zum Wärmetransport dar.

Milanković: Der serbische Mathematiker Milutin Milanković stellte in den 1920er Jahren erstmals genaue Berechnungen darüber an, wie sich die periodische Änderung einiger astronomischer Parameter (z.B. Neigungswinkel der Erdachse und Exzentrität der Erdbahn) auf den solaren Energieeintrag in die polaren und subpolaren Regionen auswirkt. Er stellte dabei eine gute zeitliche Korrelation mit dem Auftreten der Eiszeiten her. Diese Milanković-Zyklen sind seitdem die gängige Erklärung zum Entstehen der Eiszeiten.

Opakizität oder **optische Dichte** bezeichnet die Summe der Absorptionsfähigkeit einer Luftsäule. Wird jedes **Photon** im Durchschnitt einmal beim Durchqueren absorbiert, dann beträgt die optische Dichte eins. Sind mehrere solcher Schichten übereinandergestapelt, dann wird jedes Photon entsprechend statistisch mehrfach **absorbiert** und re-emittiert. Die Stopp-Wirkung oder Dämmwirkung kann also auch dann noch zunehmen, wenn ohnehin kein Photon mehr auf direktem Weg durchkommt.

Photon ist ein Lichtteilchen oder Lichtquant. Strahlung lässt sich sowohl als Welle als auch als Teilchenstrom interpretieren. Dabei ist die Energie eines Photons umgekehrt proportional zu seiner Wellenlänge.

Die **Planck-Verteilung** beschreibt das **Strahlungsspektrum** eines **schwarzen Körpers** in Abhängigkeit seiner Temperatur. Sie gibt eine Formel dafür an, wieviel Energie in welcher Wellenlänge emittiert wird. Max Planck fand diese Formel im Jahr 1900 unter der Annahme, dass Wellen ihre Energie nicht kontinuierlich, sondern in Paketen oder „Quanten" abgeben und legte damit den Startschuss zur Entwicklung der Quantentheorie.

Ein **schwarzer Körper** ist ein idealisierter Strahler, der bei allen Wellenlängen maximal absorbiert und emittiert. Er lässt sich in der Praxis darstellen als Hohlraumstrahler, einer kleinen Öffnung in einer schwarzen Kiste. Im sichtbaren Bereich deutet die Farbe an, dass bestimmte Wellenlängen im Spektrum ein Übergewicht haben. Im Infrarot-Bereich sind die meisten Festkörper (außer Metallen) in guter Näherung schwarze Strahler.

Ein **Spektrum** gibt an, wie häufig welche Wellenlängen in einer Strahlung vorkommen.

Das **Stefan-Boltzmann Gesetz** gibt den Zusammenhang zwischen Strahlungsleistung und Temperatur eines **schwarzen Körpers**. Demnach steigt die Strahlungsleistung eines Körpers mit der vierten Potenz der **absoluten Temperatur**. Man kann das Gesetz theoretisch aus der Integration der **Planck-Verteilung** berechnen. Es war aber auf empirischem Wege schon etliche Jahre vor Max Planck von Josef Stefan gefunden und später von Ludwig Boltzmann anderweitig begründet worden.

Strahlung ist eine Form von elektromagnetischer Energie. Man beschreibt sie entweder als Welle oder als Teilchenstrom (Dualismus Welle-Korpuskel). Wichtigstes Merkmal ist die Wellenlänge bzw. die Quanten-Energie, die umgekehrt proportional zur Wellenlänge ist. Die Quanten werden auch Photonen genannt.

Die **Stratosphäre** ist der Teil der Atmosphäre oberhalb der **Troposphäre**, der „Wetterschicht". Sie geht von etwa 12 bis 50 km Höhe. Unterhalb der Stratosphäre endet die Konvektionswalze, und die Temperaturen ändern sich kaum noch mit der Höhe. Dadurch entsteht eine sehr stabile Schichtung, denn **adiabatische** Prozesse wirken jeder Höhen-Auslenkung eines Luftpaketes entgegen. Daher der Name Stratos=Schicht.

Taupunkt bezeichnet die Temperatur, auf die man ein nicht gesättigtes Luftpaket (relative Feuchte kleiner 100%) abkühlen müsste, um Sättigung zu erreichen, so dass sich theoretisch Tau bilden kann.

Die **Troposphäre** ist die unterste Schicht der Atmosphäre. Sie ist charakterisiert durch eine große vertikale durch Thermik hervorgerufene **Konvektion**swalze. Sie ist die „Wetterschicht" und zwischen 8km (an den Polen) und über 15km (in den Tropen) und im Durchschnitt 12km mächtig. Ihr oberes Ende nennt man **Tropopause**.

Literaturverzeichnis

[AR]   Svante Arrhenius, 1896, The Influence of Carbonic Acid in the Air upon the Temperature of the Ground, Philosophical Magazine and Journal of Science Series 5, Volume 41, S. 237-276.

[BEN]   Bengtsson, Bonnet, Grinspoon, Koumoutsaris, Lebonnois, Titov (Hrsg.), 2013, Towards Understanding the Climate of Venus, ISSI Scientific Report 11, Springer

[FWA]   Der Fischer Weltalmanach 1998, Fischer Taschenbuch Verlag

[HA1]   Hermann Harde, 2011, Was trägt CO2 wirklich zur globalen Erwärmung bei?: Spektroskopische Untersuchungen und Modellrechnungen zum Einfluss von H2O, CO2, CH4 und O3 auf unser Klima, BoD, ISBN-13 : 978-3842371576

[HA2]   Hermann Harde, 2017 Radiation Transfer Calculations and Assessment of Global Warming by CO2, Hindawi International Journal of Atmospheric Sciences Volume 2017, Article ID 9251034, 30 pages

[HER]   Hugo Hergesell, 1919, Die Strahlung der Atmosphäre unter Zugrundelegung von Lindenberger Temperatur- und Feuchtigkeitsmessungen, Die Arbeiten des Preußischen Aeronautischen Observatoriums bei Lindenberg, Vol.13, Braunschweig, Vieweg, S.1-24

[IPCC4] IPCC-Bericht AR4: Climate Change 2007: *The Physical Science Basis. Contribution of Working Group I to the* Fourth Assessment Report of the Intergovernmental Panel on Climate Change, S.631

[IPCC5] IPCC-Bericht AR5: *Climate Change 2013: The Physical Science Basis. Contribution of Working Group I to the Fifth Assessment*

Report of the Intergovernmental Panel on Climate Change; *Tab.9.5*

[KT] J.T. Kiehl, Kevin E. Trenberth, 1997, Earth's Annual Global Mean Energy Budget, Bulletin of the American Meteorological Society, Vol. 78, No. 2, S.197-208

[LO] Edward N. Lorenz, 1972, Predictability: Does the flap of a butterfly's wings in Brazil set off a tornado, Vortrag Jahrestagung der American Association for the Advancement of Science

[MB] Syukuro Manabe, Kirk Bryan, 1969, Climate Calculations with a Combined Ocean-Atmosphere Model, Journal of the Atmospheric Sciences, Vol.26, S.786-789

[MM] Syukuro Manabe, Fritz Möller, 1961, On the Radiative Equilibrium and Heat Balance of the Atmosphere, Monthly Weather Review, Vol 89, Number 12, S.503-532

[MS] Syukuro Manabe, Robert F. Strickler, 1964, Thermal Equilibrium of the Atmosphere with a Convective Adjustment, Journal of the Atmospheric Sciences Vol.21, S.361-385

[MW1] Syukuro Manabe, Richard T. Weatherald, 1967, Thermal Equilibrium of the Atmosphere with a Given Distribution of Relative Humidity, Journal of the Atmospheric Sciences Vol.24, S.241-259

[MW2] Syukuro Manabe, Richard T. Weatherald, 1975, The Effects of Doubling the CO_2 Concentration on the Climate of a General Circulation Model, Journal of the Atmospheric Sciences Vol.32, S.3-15

[SAL] Murry L. Salby, Physics of the Atmosphere and Climate, 2012, Cambridge Univ. Press, S.236

[SCH]   K. Schwarzschild, 1906, Über das Gleichgewicht der Sonnenatmosphäre, Nachrichten von der Gesellschaft der Wissenschaften zu Göttingen, Mathematisch Physikalische Klasse, S.41-53

[SVE]   Henrik Svensmark, Nigel Calder, 2007, The Chilling Stars, A New Theory of Climate Change, Icon Books Ltd, Cambridge, ISBN-13: 978-1840468-15-1

[VL]   Fritz Vahrenholt, Sebastian Lüning, 2012, Die Kalte Sonne, Hoffmann und Campe

Über den Autor:

Meinhard Stalder, Jhg.1968, studierte Physik und Ozeanographie in Göttingen, Chapel Hill und Kiel. Aufgrund seiner außergewöhnlichen Studienleistungen wurde er Stipendiat der Studienstiftung des deutschen Volkes. Nach seiner Promotion in Physik im Jahr 2000 arbeitete er zunächst für mehrere Jahre im Ausland für ein Technologieunternehmen. Bei seiner Rückkehr nach Deutschland im Jahr 2007 wunderte er sich über die inzwischen aufgeheizte Debatte um das Thema Klima, das er als Ozeanographie-Student noch als nüchterne Wissenschaft kennengelernt hatte. Dazu gesellte sich bei einer weiteren Tätigkeit das Thema Energiewende. Der eng verwobene Themenkomplex Klima & Energie ließ ihn seitdem nicht mehr los. Heute lebt er auf einem ehemaligen Bauernhof in Norddeutschland und arbeitet als freiberuflicher Berater.